Sitzungsberichte
der Akademie der Wissenschaften
der DDR
Mathematik – Naturwissenschaften – Technik

3 N

1987

Johannes Paul Wilhelm

Rudolf Seeliger und die Plasmaphysik

AKADEMIE-VERLAG BERLIN

Sitzungsberichte
der Akademie der Wissenschaften
der DDR
Mathematik-Naturwissenschaften-Technik

Jahrgang 1987 · Nr. 3/N

Johannes Paul Wilhelm

Rudolf Seeliger und die Plasmaphysik

AKADEMIE-VERLAG BERLIN
1987

Vortrag von Johannes Paul Wilhelm,
Korrespondierendes Mitglied der
Akademie der Wissenschaften der DDR,
gehalten vor der Klasse Physik am
9. Oktober 1986 aus Anlaß des 100. Geburtstages von Rudolf Seeliger

Herausgegeben im Auftrage
des Präsidenten der Akademie
der Wissenschaften der DDR
von Vizepräsident Prof. Dr. Heinz Stiller

ISBN 3-05-500382-9
ISSN 0138-3965
Erschienen im Akademie-Verlag Berlin, DDR-1086 Berlin, Leipziger Str. 3–4

Lizenznummer: 202 · 100/368/87
Printed in the German Democratic Republic
Gesamtherstellung: VEB Druckhaus Köthen
LSV 1195
Bestellnummer: 763 775 4 (2010/87/3/N)
00400

Rudolf Seeliger, geboren am 12. November 1886 in München, verstorben 1965 in Greifswald im 79. Lebensjahr. Aus Anlaß seines 100. Geburtstages sei dieses bedeutenden Physikers gedacht.

Mit seinen wissenschaftlichen Arbeiten setzte er an der Schnittstelle der älteren Gasentladungsphysik, vornehmlich derjenigen des 19. Jahrhunderts, und der modernen Plasmaphysik ein. Dabei leistete er nicht nur von seinem Arbeitsgebiet ausgehend einen bedeutsamen Beitrag zum Erkennen und zur bewußten Einführung quantenphysikalischer Vorstellungen, sondern gab gleichzeitig damit entscheidende Impulse für die Entwicklung der bisher vorrangig phänomenologisch betriebenen Gasentladungsphysik zu einer immer stärker wissenschaftlich fundierten Disziplin. Sie erhielt, nachdem

Irving Langmuir 1928 den Begriff Plasma für den neuen Materiezustand eingeführt hatte, generalisierend den Namen Plasmaphysik.

Der Ausbau dieser Wissenschaftsrichtung, an der sich Seeliger mit seiner Schule maßgeblich beteiligte, war überdies das Verdienst einer weiteren Generation hervorragender Physiker, von denen ich hier W. P. Allis, B. Davydov, M. J. Druyvesteyn, K. G. Emeleus, L. B. Loeb, F. M. Penning, M. N. Saha und als deutsche Physiker (Abb. 2) besonders Alfred von Engel, Robert Rompe und Max Steenbeck hervorheben möchte. Gerade die letztgenannten haben neben ihren vielfältigen plasmaphysikali-

Abb. 2 Alfred von Engel, Max Steenbeck und Robert Rompe auf der XIII ICPIG, Berlin 1977

schen Arbeiten, insbesondere durch die grundlegenden Werke „Elektrische Gasentladungen“ (A. v. Engel und M. Steenbeck 1934) [1] und „Der Plasmazustand der Gase“ (R. Rompe und M. Steenbeck 1939) [2], zum Selbstverständnis und zur Konsolidierung der neuen Disziplin beigetragen. Dabei war die anfangs physikalisch orientierte Richtung bald mit zunehmenden Anwendungen verbunden, wobei als Beispiele hierfür besonders die Gebiete Lichtquellen und Elektrotechnik zu nennen sind. Die Praktizierung quantenphysikalischer Grundvorstellungen und eine erste Nutzung von Methoden der statistischen Thermodynamik führten so in der Folge bis zu einem gewissen Grade zu einer ersten Stufe der Vervollkommnung der Gasentladungsphysik bzw. der Plasmaphysik, wie sie nun immer häufiger bezeichnet wurde. Daß damit die

Entwicklung nur scheinbar abgeschlossen war, zeigte sich in den ersten Jahrzehnten nach dem 2. Weltkrieg, als neue Entdeckungen wie z.B. diejenige des Gaslasers, der magnetohydrodynamischen Energiewandlung, die große perspektivische Herausforderung der kontrollierten Kernfusion, aber auch insgesamt die unerwartet starke Zunahme der Anwendung plasmaphysikalischer Verfahren in Technik und Technologie zu neuen Fragestellungen der Grundlagenforschung führten. Die Lösung der hierbei aufgeworfenen Probleme konnte letztlich nur mit Hilfe des Ausbaues und des Einsatzes neuer Methoden gemeistert werden, d.h. durch eine anspruchsvolle Experimentiertechnik und die forcierte Verwendung klassischer und quantenphysikalischer theoretischer Vorstellungen, letzteres bei zunehmender Nutzung der Computertechnik. Dies hat im Ergebnis dazu geführt, daß aus einer in ihren Anfängen stark phänomenologischen und nur sehr unvollkommen verstandenen Gasentladungsphysik ein weites und sich noch weiter ausdehnendes Wissenschaftsgebiet entstanden ist, welches sich bereits in eine Reihe von Spezialdisziplinen untergliedert. Die vielfältigen Aspekte welche heute detailliert nicht mehr von einem einzelnen beherrscht werden können, erlauben auf Grund der eben geschilderten methodischen Fortschritte zumindest schon in vielen Fällen ein mikrophysikalisches Verständnis des Plasmas als eines besonderen Vielteilchen-Systems. Den Folgeerscheinungen anhand einiger ausgewählter Entwicklungslinien nachzugehen, soll – wenn auch nur skizzierend möglich – im letzten Teil des Vortrages versucht werden.

1. Lebensabschnitte Rudolf Seeligers und persönliche Erinnerungen

Kehren wir zunächst zum eigentlichen Anliegen zurück: Rudolf Seeliger, als Sohn des bedeutenden Astronomen Hugo von Seeliger geboren, studierte Physik und Mathematik in München, Tübingen und Heidelberg und promovierte 1909 bei Arnold Sommerfeld mit der preisgekrönten Arbeit: „Beitrag zur Theorie der Elektrizitätsleitung in dichten Gasen." 1910 finden wir ihn als freien Mitarbeiter an der Universität Würzburg bei Wilhelm Wien, dem Nobel-Preisträger von 1911, dann 1912 als wissenschaftlichen Mitarbeiter an der Physikalisch-Technischen Reichsanstalt in Charlottenburg, wo er insbesondere mit Ernst Gehrcke zusammenarbeitete, worauf im weiteren noch einzugehen ist. 1915 erfolgte seine Habilitation bei Max Planck zum Thema „Theorie der positiven Säule und andere Abhandlungen". Von 1916–1918 leistet er Militärdienst als Meteorologe; zeitweilig war er während dieser Zeit auch für Arbeiten bei Walter Nernst abkommandiert. 1918 ist der Vizefeldwebel R. Seeliger – und wer ihn noch persönlich kannte, kann sich da eines Schmunzelns nicht erwehren – Leiter der Wetterwarte des Luftschiffhafens in Hannover. Da erreichte ihn ein Schreiben des Ministers für geistliche und Unterrichtsangelegenheiten mit der Berufung als a.o. Professor für Theoretische Physik an das Physikalische Institut der Universität Greifswald, entsprechend einem Antrag von Johannes Stark, dem Nobelpreisträger von 1919, der seinerzeit dieses Institut leitete. Trotz mehrerer anderweitiger Angebote fühlte sich Seeliger in dieser kleinen vorpommerschen Universitätsstadt bald heimisch und begnügte sich damit, das von ihm auf Grund seiner kulturellen Ausstrahlung stets geschätzte München und die von ihm geliebten Alpen in den Sommerferien zu besuchen. Hier in Greifswald, wo er an der Universität, und nach dem 2. Weltkrieg auch an der Akademie, forschend und lehrend bis ins hohe Alter tätig war, entwickelte er eine Schule von internationalem Rang, die im guten alten Sinne bestimmt wurde, durch das ständige fördernde persönliche Wechselgespräch mit seinen Mitarbeitern. Dieses vollzog sich des öfteren im Hause Seeligers selbst, weitete sich häufig über den eigentlichen physikalischen Gesprächsgegenstand in andere Gebiete, vor allem auf philosophische, literarische und kulturwissenschaftliche Fragen aus und schloß immer eine Teepause mit Frau Seeliger ein. Es gibt wohl kaum einen der noch lebenden Schüler Seeligers, welcher sich nicht dankbar solcher Stunden erinnert, geprägt durch den Gedankenreichtum unseres Lehrers, aber auch seine gütige und humorvolle Art. Allerdings passierte es nur dem Neuling und dann auch nur einmal, daß er sich nach einem solchen Nachmittag abends auf die faule Haut legte: Hatte man doch mit der Überraschung zu rechnen, daß am nächsten Morgen früh bereits der Chef erschien und wissen wollte, wie weit die eigenen Gedanken bei der Lösung des andiskutierten Problems gediehen seien. Die wissenschaftlichen Leistungen unseres Lehrers und sein integres Handeln, seine Bescheidenheit – gepaart mit einer gar nicht so kleinen Portion bajuwarischer Hintergründigkeit – das gab ihm die Autorität, die wir um so mehr anerkannten, als er selbst im Alter noch immer bereit war, die bessere Meinung anzuerkennen.

Abb. 3 Der Hochschullehrer Prof. Seeliger

In diesem Zusammenhang sollte – obgleich wohl vielfach bekannt – noch einmal ausgesprochen werden, daß gerade seine konsequente bürgerlich-humanistische Haltung ihn letztlich dazu prädestinierten, mit immerhin schon 60 Jahren das sicher nicht so einfache Amt des ersten Nachkriegs-Rektors der Ernst-Moritz-Arndt-Universität zu übernehmen. Es sei hier ebenfalls an seine Tätigkeit als erster Vorsitzender der neugegründeten Physikalischen Gesellschaft der DDR erinnert. Auch gehörte er zu den Verfassern des bekannten Physik-Memorandums von 1953 an den Präsidenten der Akademie, welches Grundlinien der disziplinären Weiterentwicklung der Physik für unser Land bei Beachtung der damals bestehenden restriktiven Bestimmungen des Alliierten Kontrollrates entwickelte.

Diese Bemerkungen seien mir zur allgemeinen Charakterisierung der Persönlichkeit von Rudolf Seeliger und aus eigenem Rückblick gestattet gewesen.

2. Hin zum Bohrschen Atom-Modell und darüberhinaus

Was läßt sich nun aber – schon mit einem gewissen historischen Abstand – zu seinen wissenschaftlichen Leistungen sagen? Kommen wir hierzu zunächst noch einmal auf die eingangs vermerkte wissenschaftsgeschichtliche Situation zurück, in welcher die ersten bedeutenden Arbeiten Seeligers entstanden. Ihnen gingen Arbeiten voraus, die sich mit Phänomenen des elektrischen Stromes in Gasen befaßten, Untersuchungen, welche in der 2. Hälfte des 19. Jahrhunderts eine prinzipielle Bedeutung für den weiteren Fortschritt der Physik erlangten.

Es sei hier an Ausführungen Robert Rompes anläßlich seiner Ehrenpromotion an der Ernst-Moritz-Arndt-Universität Greifswald [3] erinnert, wonach die großen Entdeckungen der modernen Physik unvermittelt nebeneinander standen, nämlich diejenige des elementaren Wirkungsquantums durch Max Planck, die Konzeption der Lichtquanten durch Albert Einstein und die Befunde der Spektroskopie, und daß selbst die bedeutendsten Physiker erst in einem langwierigen Erkenntnisprozeß den Zusammenhang zwischen ihnen aufdecken konnten.

Hier geht es von der Zielstellung des Vortrages her darum, den dritten Aspekt skizzierend wissenschaftshistorisch ein wenig zu verfolgen.

Das einsetzende Studium der Emissions- und Absorptionsspektren strahlender Körper führte J. Plücker – Assistent Felix Kleins – zur Nutzung der von Geissler erfundenen Röhre, mit der er 1857 die ersten 3 Linien der Balmer-Serie des Wasserstoff-Atoms fand. Von seinem Schüler W. Hittorf wurden 1869 die sogenannten Katodenstrahlen entdeckt, welche man in einer mit hoher Spannung in einem verdünnten Gas betriebenen Entladung von der Katode ausgehend fand.

Das Erkennen der korpuskularen Natur dieser Strahlung erbrachte die Entdeckung des Elektrons und ist insbesondere W. Crookes, W. Wien, J. J. Thomson und E. Wiechert in den Jahren bis 1899 zu verdanken.

Eine parallele Linie hierzu führte zur Entdeckung der Röntgenstrahlen durch W. C. Röntgen 1895, ebenfalls bei Verwendung eines Katodenstrahlrohres.

1886 findet E. Goldstein das Gegenstück zu den Katodenstrahlen, die sogenannten Kanalstrahlen, welche durch eine Öffnung in der Katode aus der Entladung heraustreten (Abb. 4). Ihre physikalische Interpretation führte letztlich zur Kenntnis der Eigenschaften positiver Ionen.

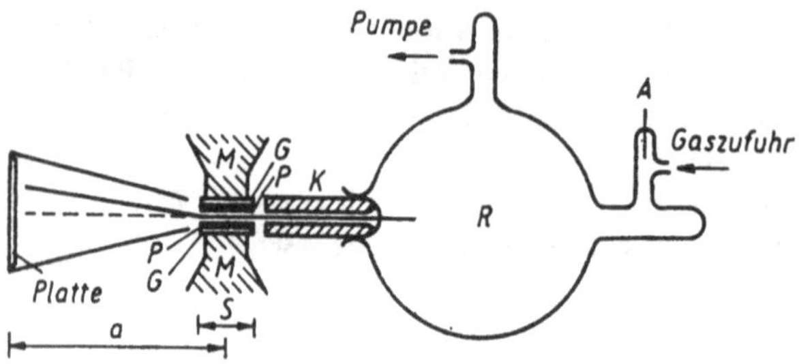

Abb. 4 Anordnung für Kanalstrahlen nach [58]

Dies alles waren wesentliche Schritte hin auf ein leistungsfähiges Atom-Modell. Dabei spielten bekanntlich die Linienspektren der elektrischen Entladungen in Gasen bei niedrigen Drücken, insbesondere des Wasserstoffs, eine maßgebliche Rolle. Ihre Beschreibung mit Hilfe des Ritzschen Kombinationsprinzips zeigte bisher nicht bekannte – eben quantenphysikalische Eigenschaften.

Die Entwicklung gipfelte bekanntermaßen schließlich 1913 in der Aufstellung des nach ihm benannten Atom-Modells durch Niels Bohr.

In diesen für die Entwicklung der Physik so entscheidenden Zeitraum fallen nun die Arbeiten von Seeliger und Gehrcke „Über das Leuchten der Gase unter dem Einfluß von Katodenstrahlen", veröffentlicht 1912 in den Verhandlungen der Deutschen Physikalischen Gesellschaft [4], dies also noch vor der Formulierung des Bohrschen-Atom-Modells.

In diesem Zusammenhang muß darauf hingewiesen werden, daß sich der experimentelle Nachweis angeregter Zustände im Atom, und damit letztlich die Bestätigung der Bohrschen Theorie, historisch komplizierter darstellt als man es vielfach heutzutage in den Lehrbüchern liest. Letztlich hing dies mit den Schwierigkeiten zusammen, den Unterschied von Ionisierungs- und Anregungsenergie zu erkennen und bei den verschiedenen experimentellen Anordnungen zu erfassen. Abb. 5 soll dies erläutern. Ph. Lenard [5] versuchte als erster 1902 das Ionisierungspotential von Gasen zu bestimmen, welches vornehmlich von J. S. Townsend in die Theorie der Gasentladungen eingeführt worden war [6]. Photoelektrisch an der Katode *K* ausgelöste Elektronen werden auf ein Gitter *G* hin beschleunigt und gelangen dann in einen feldfreien Raum, wo sich ein elektrisch negativ aufgeladener Ring *R* befindet, welcher mit dem Elektrometer *E* verbunden ist. Bei kleinen Beschleunigungspotentialen *U* behält dieser Ring seine negative Ladung, bei Spannungen um 11 V wurde er mehr oder weniger schnell entladen auf Grund der in Elektron-Atom-Stößen erzeugten Ionen. Für alle untersuchten

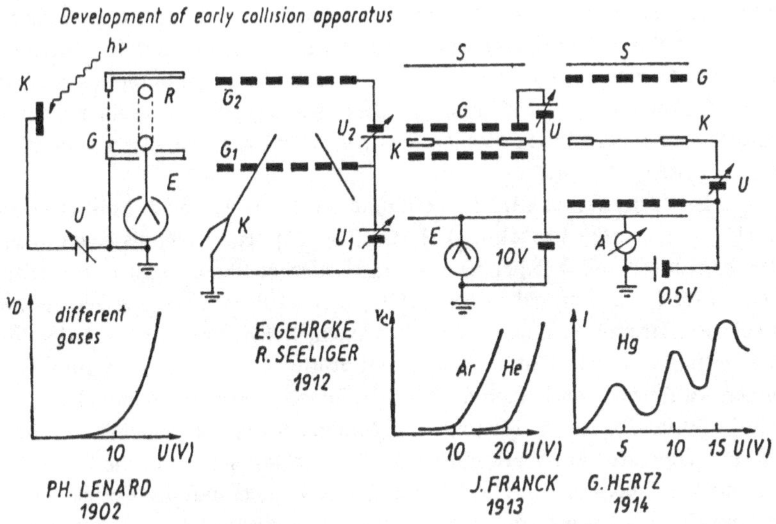

Abb. 5 Die Meßanordnungen von Lenard (1902), Gehrcke und Seeliger (1912), Franck und Hertz (1913 bzw. 1914)

Gase (Luft, H_2, CO_2) fand Lenard das etwa gleiche Ionisierungspotential, wobei letztlich offen blieb, ob bei allen Versuchen die gleiche Verunreinigung der Gase ionisiert wurde oder ob alle untersuchten Gase tatsächlich dieselbe Ionisierungsspannung besaßen. Letzteres widersprach in jedem Fall der von Townsend entwickelten Theorie der Zündung von Entladungen, wonach der Wert des Ionisierungspotentials gasspezifisch sein sollte.

Andererseits ging Townsend davon aus, daß Stoßionisation nur einsetzen kann, wenn die Elektronen die zur Ionisation benötigte Energie auf einer freien Weglänge erlangen. Alle Elektronen, welche eine geringere Potentialdifferenz als die Ionisierungsspannung während einer freien Weglänge durchlaufen, sollten unelastische Stöße erleiden und dabei ihre Geschwindigkeit völlig verlieren.

James Franck und Gustav Hertz erkannten die große Bedeutung, welche einer Beantwortung dieser Fragen zukam. Nachdem inzwischen noch weitere Arbeiten von O. von Baeyer sowie H. Dember [7] zur Messung des Ionisierungspotentials erschienen waren, veröffentlichten sie im Januar 1913 [8] Ergebnisse in Edelgasen mit einer Anordnung, welche der Lenardschen Apparatur ähnlich ist, allerdings unter wesentlich besseren Vakuum-Bedingungen. An Stelle der linearen Konfiguration mit photoelektrischer Katode fand eine zylindrische mit thermoionischer Katode Verwendung sowie ein Elektrometer mit negativer Vorspannung, welches aufgeladen wird, wenn positive Ionen den Auffänger *S* erreichen. Die gemessenen Ionisierungspotentiale waren 12 V für Ar und 20,5 V für He. Damit war der Nachweis erbracht. daß die Ionisierungsenergie eine gasspezifische Größe ist.

Ausgehend von Streuexperimenten Lenards 1903 [9] untersuchten Franck und Hertz

[10] weiterhin die freie Weglänge der Elektronen und wiesen nach, daß die erwähnte Townsendsche Annahme nicht richtig sein kann; sie würde insbesondere für Edelgase zu nicht berechtigten extrem großen Werten für die freie Weglänge und/oder kleinen Werten für die Ionisierungsenergie führen. Auf diese Weise gelangten sie zur Erkenntnis der Existenz elastischer Stöße zwischen Elektronen und Atomen abweichend zur Theorie von Townsend.

Nachdem im Laufe des Jahres 1913 die berühmten Arbeiten von Niels Bohr erschienen waren [11], publizierten Franck und Hertz 1914 [12] neue Ergebnisse mit einer verbesserten Apparatur, mit welcher jede Art unelastischer Stöße registriert werden konnte: Das Gitter G war nun nahe dem Auffänger S lokalisiert, und die gemessene Größe war ein Reststrom von Elektronen. Elektronen, welche unelastische Stöße im Beschleunigungsfeld zwischen Katode und Gitter erlitten hatten, konnten zum Teil nicht mehr den Auffänger erreichen, und dies führte im weiteren zu der wohlbekannten Charakteristik mit den typischen Maxima und Minima bei verschiedenen kritischen Potentialen. Für Hg wurde ein Wert von etwa 4,9 V für das erste kritische Potential gefunden. In einer weiteren Arbeit [13] konnte gezeigt werden, daß 4,9 V-Elektronen die Hg-Resonanzlinie ≈ 254 nm erzeugen, deren Photonenenergie $h\nu$ etwa 4,9 eV ist. Trotzdem glaubten die Autoren zunächst an ein Ionisierungspotential, obwohl sie in der Tat als erste ein Anregungspotential quantitativ bestimmt hatten. Sie interpretierten ihre Ergebnisse in dem Sinne, daß die übertragene Energie zum Teil zur Ionisation, zum Teil zur Ausstrahlung der Resonanzlinie benutzt wird [13] und befanden letzteres in Übereinstimmung mit den Versuchen von Gehrcke und Seeliger [4]. Wie ordnen sich nun in diese Kette die 1912 erschienenen Arbeiten von Gehrcke und Seeliger ein? Abbildung 5 läßt erkennen, daß ihre Anordnung aus den bisher angeführten herausfällt. Sie zielt unmittelbar auf die Anregung von Atomen. Der zwischen Katode und Gitter beschleunigte Elektronenstrahl tritt unter wählbarem Winkel in ein Bremsfeld ein und durchläuft dort eine Parabel. Entlang dieser zeigt er charakteristische Änderungen in der Farbe des Lichtes.

Abb. 6 gibt die Originalanordnung wieder. Die Gitter A und K_1 konnten mit Hilfe der beiden Schliffe S_1 und S_2 gleichzeitig und stets parallel zueinander um meßbare Winkel gedreht werden, so daß der Strahleintritt unter beliebigem Einfallswinkel in das Verzögerungsfeld zwischen A und K_1 möglich ist. Spektroskopisch wurde die Lichtemission längs der Parabelbahn untersucht (Abb. 7). Für N_2 z. B. ruft der Elektronenstrahl zwischen A_1 und B_1 ein blaues Leuchten hervor, zwischen B_1 und C_1 rot und zwischen C_1 und C_2, wo die Elektronen sehr langsam sind, wird der Strahl unsichtbar. Aber infolge der anschließenden Beschleunigung erscheint in C_2 wiederum rot und in B_2 wiederum blau. Offensichtlich besteht somit ein Zusammenhang zwischen der Emission bestimmter Spektrallinien und der Elektronen-Geschwindigkeit. Jede Spektrallinie benötigt für ihre Anregung eine Mindestenergie, blaue Linien höhere und rote Linien niedrigere Energien und sehr langsame Elektronen können keine Atome anregen. Dies, wenn auch nur skizzierend möglich, zeigt wohl deutlich, daß sich Seeliger und Gehrcke rühmlich in den langwierigen Prozeß der theoretischen *und* experimentellen Entdeckung der Existenz diskreter Anregungsniveaus von Atomen einreihen, und dieses Verdienst

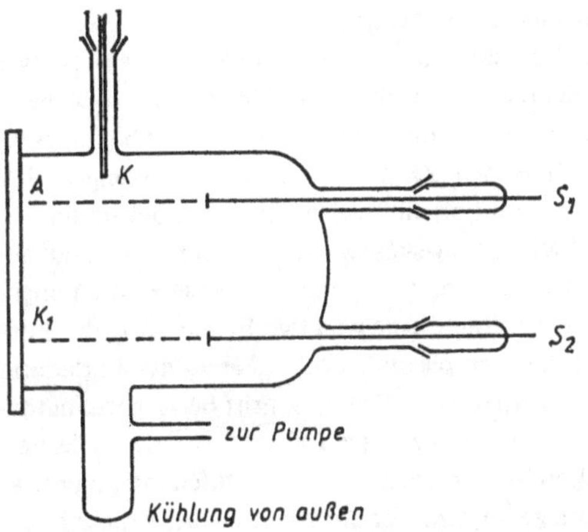

Abb. 6 Die Apparatur von Gehrcke und Seeliger im Detail

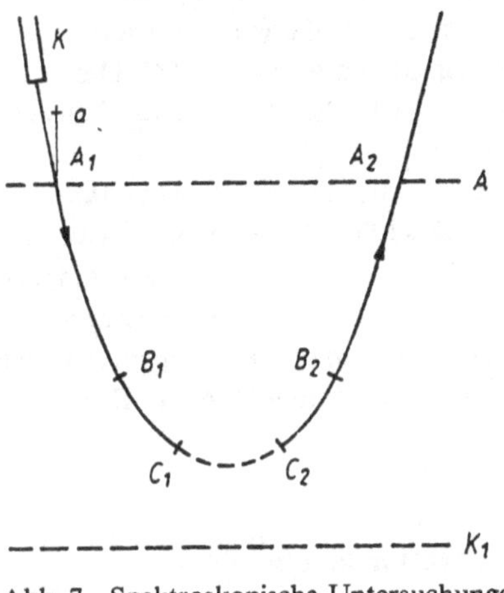

Abb. 7 Spektroskopische Untersuchungen längs der Parabelbahn des Elektronenstrahls

wurde auch in der durch de Groot und Penning im Band XXIII des Handbuches für Physik [14] gegebenen Wertung der Versuche ausdrücklich anerkannt.

Rückblickend darf zusätzlich wohl ausgesprochen werden, daß sich die Anordnung von Franck und Hertz – 1925 erhielten sie den Nobelpreis – insbesondere durch ihre quantitative Interpretierbarkeit und experimentelle Ausbaufähigkeit gegenüber dem mehr qualitativen Versuch von Gehrcke und Seeliger auszeichnet.

Die nachfolgenden Arbeiten Seeligers und seiner Schule haben nicht nur Wesentliches zu den Fundamenten der Plasmaphysik beigetragen, sondern insbesondere auch wirksam zur Einbürgerung und Vertiefung der neuen atomphysikalischen Vorstellungen.

Hier sind in folgerichtiger Fortführung der vorausgegangenen Arbeiten Seeligers die Untersuchungen zur Anregung der Emission von Atomen und Molekülen bis etwa Mitte der 20er Jahre hervorzuheben. Sie beinhalten einerseits Elektronen-Stoßexperimente [15], welche weitere grundlegende Aufschlüsse zur Emission in Abhängigkeit von der Elektronenenergie erbrachten. In diesem Zusammenhang führte Seeliger 1919 den so tragfähigen Begriff der Anregungsfunktion ein, welche die Strahlungsintensität einer Spektrallinie als Funktion der Elektronengeschwindigkeit beschreibt, und bestimmte 1920 zusammen mit Georg Mierdel zum ersten mal eine solche Anregungsfunktion in Wasserstoff [16]. Andererseits erfolgte eine wichtige Erweiterung des Forschungsgegenstandes, indem jetzt auch die komplexen Verhältnisse in der Entladung selbst in die Betrachtungen einbezogen wurden [17]. Dieser Schritt bereicherte natürlicherweise die Ergebnisse wesentlich, indem ganz neue Effekte, so eine Fülle von Linien- und Bandenspektren, das Rekombinationsleuchten, die Stufenanregung u.a. in den Gesichtskreis der Untersuchungen gelangten. Für die Vielfalt neuer Erkenntnisse spricht auch schon die große Zahl der untersuchten Gase – wie Ar, H_2, N_2 und der Metalldämpfe Hg, Na, K, Mg, Ca, Al, um einige zu nennen. Dabei führte insbesondere die Untersuchung des katodennahen Gebietes der Glimmentladung Seeliger 1919 zur Interpretation der Struktur der Lichtemission beim Übergang Katodenfall – Glimmlicht mit Hilfe der heute nach ihm benannten Glimmsaumregel [18]: Die maximale Intensität der verschiedenen Spektrallinien ist um so näher der Katode lokalisiert, je größer das zugehörige Anregungspotential ist.

Dies darf als ein Paradebeispiel dafür gelten, wie die neuen atomphysikalischen Vorstellungen nicht nur an Einzelphänomenen eine schöne Bestätigung fanden, sondern umgekehrt auch durch sie das Verständnis komplexer Erscheinungen möglich wurde. Die Einbeziehung der Vorgänge in der Entladung selbst trugen mit dazu bei, eine neue Etappe im Verständnis und der Deutung plasmaphysikalischer Phänomene einzuleiten und zwar im Sinne der Reaktionskinetik, worauf im weiteren noch zurückzukommen sein wird.

3. Wege und Beiträge zu einer reaktionskinetisch fundierten und kinetisch beschreibbaren Plasmaphysik

Die soeben wenn auch nur skizzenhaft nachvollzogene Entwicklung hat wohl klar erkennen lassen, daß die Gasentladungsphysik mit ihren Stoß- und Strahlungseffekten wichtige Impulse zur Entwicklung der Atom- und Molekülphysik gegeben hat. Andererseits hat der – hier ebenfalls skizzierte – Ausbau der Gasentladungsphysik zu einer fundierten Plasmaphysik hinsichtlich ihrer theoretischen Interpretation und eines Verständnisses ihrer Anwendungsmöglichkeiten im weiteren zur Folge gehabt, daß sie auf Ergebnisse der Molekülphysik im weitesten Sinne angewiesen ist.

Handelt es sich doch bei einem (Gas-)Plasma im allgemeinen Fall um ein Vielteilchen-System von Elektronen, verschiedener Spezies von Ionen und Neutralteilchen unterschiedlicher Anregungszustände und von Photonen, welche miteinander wechselwirken. Neben dem Interesse an einem physikalischen Verständnis ist aus der Sicht von Anwendungen eine soweit als mögliche Steuerung des Teilchens- und Energie-Haushaltes über äußere Parameter wie Gasart, Partialdrücke, Betriebsspannung, Geometrische Konfiguration u. dgl. erwünscht. Zwei Beispiele lassen dies unschwer erkennen:

- So ist bei der technischen Realisierung eines Gaslasers der mangelnden Selektivität durch geeignete Parameter-Situationen, wie Gasdruck, geometrisch-technischer Aufbau, gezielte Energiezuführung usw. zu begegnen, um möglichst optimale Bedingungen für den Prozeß der erwünschten Terminversion zu schaffen.
- Um die Löschwirkung von Druckgas-Schaltern zu verbessern ist es günstig, die Anzahl freier Elektronen durch Anlagerung an Atome bzw. Moleküle, also Bildung negativer Ionen, sowie eine Verschiebung der Elektronenenergie-Verteilungsfunktion nach kleineren Energien anzustreben, um ihre Erzeugung durch Ionisation herabzusetzen. Neuere Untersuchungen zeigen, daß man hier vieles mit teilweise exotischen Gasen erreichen kann, in welchen sich mitunter kurzlebige Ionenarten bilden.

Diese beiden Beispiele – stellvertretend für viele andere – machen wohl deutlich, daß die Plasmaphysik auf Zulieferung entsprechender Kenntnisse aus der Molekülphysik angewiesen ist. Sie benötigt insbesondere Resultate über differentielle Stoßquerschnitte, gewonnen mittels quantenmechanischer Methoden oder direkter Messungen im Rahmen von Stoß-Experimenten. Neuerdings ist auch die indirekte Bestimmung von Wirkungsquerschnitten im Rahmen von Elektronenschwarm-Experimenten international aktuell geworden: Durch die Messung makroskopischer Größen wie mittlerer Energie, Transportgrößen und Stoßfrequenzen, die sich vorrangig durch Elektronen aus unterschiedlichen Bereichen des Energieraumes akkumulieren, wird auf Querschnitte zurückgeschlossen, was allerdings jeweils simultan eine sehr genaue Bestimmung der Elektronen-Geschwindigkeitsverteilung erfordert, vgl. [19]. Damit soll zugleich verdeutlicht werden, welchen beschwerlichen aber erfolgreichen Weg Experiment und Theorie der Stoßprozesse im weiteren beschritten haben: Ausgehend von klassischen grundlegenden Experimenten hin zur Verwendung hochgezüchteter Versuchsapparaturen (wie z. B. gekreuzter Teilchenstrahlen) und der Nutzung komplizierter Rechenverfahren der Quantenchemie, welche in einer Reihe hochspezialisierter Forschungsgruppen mit Erfolg gehandhabt werden.

Die Fortschritte auf dem Gebiet der Reaktionskinetik ermöglichten letztlich in zunehmendem Maße auch die Praktizierung kinetischer Methoden, welche in ihrer Anwendung nicht ohne atomare Daten auskommen. In diesem Zusammenhang ist darauf hinzuweisen, daß gerade der Ausbau der Teilchenkinetik (und später der Wellenkinetik) des Plasmas einen ganz wesentlichen Fortschritt in der Plasmabeschreibung erbracht hat und auch weiter erbringt. Ursprünglich stellte man sich die Bewegung der Elektronen in einer Gasentladung wohl vorwiegend als einen Konvektionsstrom vor. Ein besseres Verständnis erbrachten der von Franck und Hertz gelieferte Nachweis einer elastischen Reflexion von Elektronen an Atomen, die Diffusionstheorie von Hertz, die Entwicklung der Sondentheorie durch Langmuir und ihre erste Anwendung. Zusammenfassend wird hierauf in experimentell-theoretischen Untersuchungen Seeligers [20] eingegangen, wobei insbesondere aus der Polarisation des von einem Entladungsteil emittierten Lichtes Rückschlüsse auf eine bevorzugte Stoßrichtung der anregenden Elektronen gezogen werden. Insgesamt ergibt sich, je nach betrachtetem Entladungsteil, ein Bild für die Elektronenbewegung, wonach sie sich aus einer Überlagerung schneller Elektronen und driftender Maxwell-Verteilungen zusammensetzt.

Fortschritte erbrachte ferner das Erkennen des nicht vollständig ionisierten Plasmas als ein thermodynamisch offenes System, das sich hinsichtlich verschiedener energetischer Freiheitsgrade (wie Translation, Schwingungen und Rotation) je nach Parameterbedingungen trotzdem in Gleichgewichten mit unterschiedlichen Temperaturen befinden kann, wie es wohl zuerst prononciert in dem zitierten Werk von Rompe und Steenbeck formuliert wurde.

Das Abrücken von einer durchgängigen Maxwell-Verteilung bzw. von der Maxwellverteilung für die Plasmaelektronen überhaupt, gefördert durch die experimentellen und theoretischen Arbeiten von Allis, Davydov, Hertz, Druyvesteyn, Landau, Holstein, Margenau, Brown und Rosenbluth [21], charakterisiert dann weitere Stadien dieser Entwicklung. Die entscheidenden theoretischen Schritte hierbei vollzogen sich mit der detaillierten Herleitung kinetischer Gleichungen für die Einteilchen- bzw. Korrelationsfunktionen der Elektronen des Plasmas unter verschiedenen Parameterbedingungen, ihrer Verwendung und des Erreichens von Fortschritten in den numerischen Lösungstechniken. Ein umfassendes Verständnis brachte hierbei – ausgehend von der Liouville Gleichung der Statistischen Mechanik – die Aufstellung der nach Born, Bogolyubov, Green, Kirkwood und Yvon benannten BBGKY-Hierarchie und ihre inhaltliche Ausdehnung auf die Bewegung von Elektronen im Plasma.

Es handelt sich also um eine korrelierende Entwicklung von Reaktionskinetik und Kinetik, die sich für das Verständnis der sich im Plasma vollziehenden Prozesse auf der Basis atomarer Daten als außerordentlich fruchtbar erwiesen hat.

Man mag diese ständige Komplizierung bedauern, aber sie liegt doch in der Natur der Entwicklung: Sie hat der Plasmaphysik ganz neue Wirkungsfelder erschlossen und erschließt sie ihr auch weiterhin, sofern sie nur nicht als Selbstzweck betrieben wird.

Mit den Seeligerschen Veröffentlichungen, welche einen Umfang von 176 Arbeiten besitzen, vollziehen sich – wie bereits angedeutet – wichtige Teilaspekte dieser Entwicklung, was sich durch eine detaillierte Sichtung belegen läßt. Obgleich sich die Arbeiten deutlich auf die ganze Breite damals aktuell werdender theoretischer, experimenteller und technischer Aspekte der Gasentladungsphysik beziehen, lassen sich zweifelsohne eine Reihe richtungsweisender Interessenfelder erkennen. Neben der Bogenentladung, worauf wir sogleich noch zurückkommen, diente vornehmlich das diffusionsbestimmte Plasma der Glimmentladung [22] Seeliger als Prototyp zur Untersuchung allgemein interessierender Fragen der Plasmaphysik. Im Verlaufe dieser Arbeiten wurden aber auch richtungsweisende Ergebnisse hinsichtlich aller Teilgebiete der Glimmentladung erzielt, wie zu den für die Aufrechterhaltung der Entladung wichtigen katodischen Entladungsteilen [23], zum Zündvorgang [24], zum nichtstationären Verhalten [25] sowie zu extremen Sonderformen der Glimmentladung [26]. Dabei erschöpfen sich die Untersuchungen nicht in der phänomenologischen Beschreibung der für die damalige Zeit neuen Effekte, vielmehr zeichnen sie sich durch das Bestreben aus, diese auf tieferliegende Ursachen zurückzuführen, d.h. sie durch das Studium der ihnen zugrundeliegenden Elementarprozesse zu verstehen. So spielen neben den bereits erwähnten Anregungsprozessen solche Fragen wie Ionisation, Rekombination, Dissoziation, Attachment und andere Stoßprozesse eine ganz wesentliche Rolle [27]. Untersuchungen zur Oberflächenladung und dem Potential der Wand des diffusionsbestimmten Plasmas im Zusammenhang mit der Ausbildung des axialen Feldes [28] und die Arbeiten zu den katodischen Gebieten, soweit sie die Katodenzerstäubung [29], Getterungs-Erscheinungen [30] oder die Abhängigkeit des Katodenfalls und seiner Stromdichte von der Beschaffenheit der Elektroden-Oberfläche bzw. des Elektroden-Materials [31] betreffen, führten darüber hinaus folgerichtig zum Problem der Grenzflächenprozesse und bildeten die Anfänge eines heute so wichtigen Teilgebietes, nämlich der Plasma-Wand-Wechselwirkung. Bedeutsam ist in diesem Zusammenhang auch das Einsetzen systematischer Untersuchungen von Plasmen in Molekülgasen [32] nach Ende des letzten Krieges.

Letztlich wurde dieser Komplex insgesamt bereits von Robert Rompe im Geleitwort des Jubiläumsbandes der Annalen der Physik zu Seeligers 70. Geburtstag angesprochen [33], wobei er zum Ausdruck bringt, daß gerade diese mühsamen und schwierigen Arbeiten in das wissenschaftliche Fundament einer künftigen Gasentladungschemie eingehen werden. Wenn man bedenkt, welche Bedeutung eine detaillierte Reaktionskinetik im Volumen und an der Wand heute z.B. für zwei technologisch so wichtige Teilgebiete der Plasmachemie in Molekülplasmen besitzt, nämlich die plasmaaktivierte Beschichtung zur Oberflächenveredlung und das Plasmaätzen zur Strukturierung in der Mikroelektronik, kann man eine solche vor 30 Jahren vorgenommene Einschätzung nur als richtig unterstreichen.

Zusammenfassend läßt sich somit sagen, daß die Reaktionskinetik als Grundlage für das Verständnis der Gasentladungs- und Plasmaphänomene in der Seeligerschen Schule voll erkannt war und entwickelt wurde sowie teilweise auch schon zu kinetischen Modellierungen führte.

Für die Kinetik zeigte Seeliger selbst noch großes Interesse. Ich erinnere mich, daß wir z.B. die Arbeiten von Holstein, Margenau und Brown im Seminar studierten und er sich betont für die weitere Arbeit in dieser Richtung, und zwar in theoretischer wie experimenteller Sicht aussprach. Eigene Beiträge konnten von ihm aus Altersgründen nicht mehr erbracht werden.

Will man im Rückblick der Originalität Seeligers gerecht werden, so muß man wenigstens doch noch einige Aspekte seines vielseitigen Schaffens ansprechen:

In mehr als 20 zusammenfassenden Arbeiten wurde von ihm der jeweilige aktuelle Stand der Gasentladungsphysik und ihrer Grenzgebiete dargestellt. Unter seinen Büchern befindet sich das so bedeutsame Werk „Einführung in die Physik der Gasentladungen“ [34], erschienen 1927, das als erstes Lehrbuch dieses Gebietes in Deutschland von großem Einfluß war.

Von der Breite seines Wirkens zeugt auch die etwas kurios anmutende Tatsache, daß ausgerechnet in seinem „Seminar für Theoretische Physik" – erst 1940 übernahm er nach dem Tode von F. Krüger das planmäßige Ordinariat für Physik und die Leitung des Physikalischen Instituts – Pionierarbeit bei der Bereitstellung wirklich zuverlässiger Meßresultate auf zahlreichen Gebieten der Gasentladungsphysik geleistet und so wesentlich dazu beigetragen wurde, den Zustand schlecht reproduzierbarer und teilweise sich widersprechender Datenanhäufungen zu überwinden.

4. Zur technischen Relevanz der Seeligerschen Arbeiten

Neben physikalischer Tiefe und Prägnanz besitzen viele der Seeligerschen Veröffentlichungen auch technische Relevanz. Hierzu sind außer seinen Untersuchungen zu Glimmlampen [35] insbesondere die schönen Arbeiten zur Bogenentladung zu rechnen. Sie beinhalten nicht nur Ergebnisse zum Bogenmechanismus einschließlich zur Deutung des Steenbeckschen Minimum-Prinzips [36] sowie zum Umschlag Glimmentladung – Bogenentladung [37], sondern auch die Inangriffnahme von aus heutiger Sicht noch hochaktuellen Problemstellungen, welche uns das Ausbilden und Verhalten des Brennflecks, der Materialtransport von der Katodenoberfläche und insgesamt der Katodenmechanismus aufgibt [38]. Wir finden aber auch Arbeiten mit ausgesprochen technischem Bezug, wie die Untersuchungen zum Mechanismus von Hohlkatoden [39], Beiträge zur elektrischen Gasreinigung mittels der Koronaentladung [40], über die Entstehung und Bekämpfung der Rückzündung von Quecksilber-Großgleichrichtern [41], zu den Vorgängen im Schweißlichtbogen [42] und zur Beleuchtung mit Natriumdampflampen [43].

Insgesamt ist es nicht verwunderlich, daß wir Seeliger auf Grund seiner Arbeiten ab Ende der 20er Jahre unter den ersten wissenschaftlichen Beratern bei Siemens und der Studiengesellschaft Osram finden.

Dieser letztere Gesichtspunkt verdient es, noch ein wenig genauer ausgeleuchtet zu werden. Es ist doch Wert festzuhalten, daß nicht nur Gustav Hertz viele Jahre in der Industrie gearbeitet hat, sondern auch A. von Engel und M. Steenbeck bei Siemens und R. Rompe bei Osram. Trotzdem oder gerade deshalb haben sie während jener Tätigkeit in der Industrie so bedeutende Werke geschrieben, wie einige bereits zitiert wurden.

Das spricht einerseits selbstverständlich für das wissenschaftliche Niveau dieser Persönlichkeiten, aber doch wohl auch für die Weitsicht – sei es nun aus welchem Grunde immer – zumindestens der Direktoren jener Konzerne. Eine solche wissenschaftshistorische Erfahrung sollte Anlaß zum Nachdenken geben, um die Einheit von Grundlagenforschung und Anwendung zu erkennen.

In diesem Zusammenhang möchte ich noch einmal Seeliger zitieren. In seiner Art positioniert er sich zum Wechselverhältnis von Physik und Technik in der 1930 publizierten Arbeit [44] über „Das Eingreifen der Atomphysik in die technischen Anwendungen der Gasentladungsphysik":

„In der reinen Physik stehen schon seit mehr als 10 Jahren die experimentelle und theoretische Erforschung der Eigenschaften des Atoms im Mittelpunkt des Interesses. Die dabei als Endziel erstrebte Auflösung des makroskopischen Geschehens in elementare Prozesse hat augenscheinlich etwas Faszinierendes an sich; aber man sollte nicht vergessen, daß man es letzten Endes in der Natur niemals zu tun hat mit diesen elementaren Prozessen selbst, sondern mit Vorgängen, die zustande kommen, wenn sehr viele solcher Prozesse zusammenwirken, und daß auch diese Vorgänge an sich mit den ihnen eigentümlichen Gesetzen höherer Ordnung Objekte des Studiums und der Forschung sein müssen. Gerade umgekehrt liegen die Dinge in der technischen Physik und in der Technik. Hier stehen jene integralen Erscheinungen und Vorgänge im Vordergrund, denn mit ihnen will man arbeiten, und sie will man ausnützen. Aber ebenso wäre es kurzsichtig, die Kenntnis der elementaren Prozesse, die ihnen zugrunde liegen, zu mißachten; denn was man beherrschen will, muß man kennen und bis auf die Wurzel durchschauen".

5. Ausklang und einige Ausblicke

Diese Bemerkungen sollen nicht abgeschlossen werden, ohne einige Mitarbeiter zu nennen, welche Schüler Seeligers waren und wesentliche Beiträge mit ihm zusammen erbracht haben. Besonders erwähnen möchte ich in diesem Zusammenhang G. Mierdel, A. Lompe, F. Ollendorf, K. Sommermeyer und H. Wulfhekel. Ich hoffe, daß es mir durch die bisherigen Darlegungen, welche der Würdigung Rudolf Seeligers dienten, auch gelungen ist, wenigstens bis zu einem gewissen Grade die Entwicklung der Disziplin Plasmaphysik, aus der älteren Gasentladungsphysik hervorgehend, zu beleuchten und ihre interessante und nicht unbedeutende Rolle, welche sie an der Schwelle zwischen klassischer und Quanten-Physik gespielt hat.

Heute hat sie sich, wie ursprünglich vielleicht gar nicht erwartet, ein weites Feld der technischen und technologischen Anwendungen erobert. Einen guten Überblick hierzu vermittelt der vor kurzem von Kollegen unseres Landes unter Federführung von A. Rutscher und H. Deutsch publizierte Wissensspeicher Plasmatechnik [45], welcher jetzt auch im Hanser Verlag München-Wien erschienen ist.

Einige wenige Bilder sollen nur noch veranschaulichen, wie abweichend im Großen wie im Kleinen heutzutage die verwendeten Plasmen im Vergleich mit denjenigen der guten alten Gasentladungsröhre unserer Altvorderen sein können:

Aus den Abbildungen 8 und 9 läßt sich unschwer die Größe der Plasmen entnehmen, wie sie in einem Tokamak, nämlich dem Joint European Torus (JET) Verwendung finden. Abbildung 10 zeigt dagegen ein Plasma-Display: Es besteht aus einer Vielzahl von Mikroentladungen, jede mit einem Durchmesser von etwa 0,3 mm und einer Länge von etwa 0,15 mm, welche als Matrix-Struktur angeordnet eine punktförmige Auflösung des Sichtfeldes ermöglichen.

Ich möchte meine Ausführungen zum Gedenken Seeligers damit ausklingen lassen, daß ich noch – wenn auch in der gebotenen Kürze – auf einige Trends der Plasma-

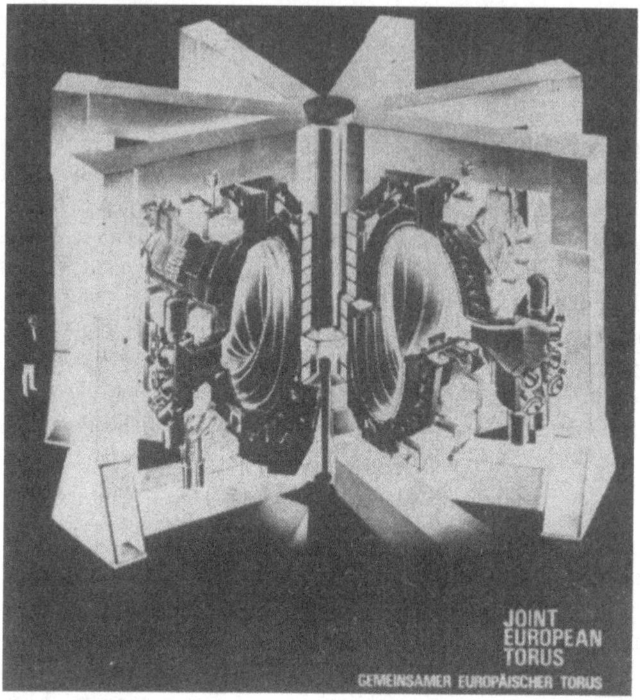

Abb. 8 Joint European Torus nach [59]

Abb. 9 Inneres der Vakuum-Kammer nach [59]

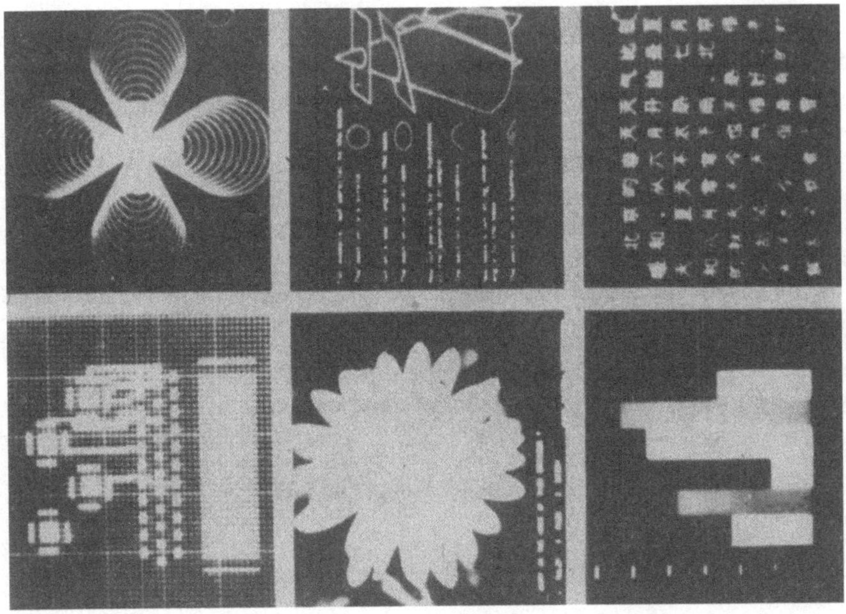

Abb. 10 ac Plasma-Displays nach [60]

physik eingehe. Natürlich fällt eine solche Auswahl nicht ganz leicht, und ich möchte daher im weiteren etwas auf Untersuchungen zu sprechen kommen, die – gleichsam in Fortsetzung der Seeligerschen Tradition – von Greifswalder Plasmaphysikern z.T. mit Kollegen des In- und Auslandes vorgenommen werden.

Dabei muß ich hier leider darauf verzichten, auf so erfolgreiche experimentell-technische Arbeiten einzugehen wie die Untersuchungen zur Herstellung von Ti-Nitrid-Hartstoff-Schichten in Hohlkatoden-Bogenverdampfern, von Korrosions-Schutzschichten auf der Basis siliziumorganischer Verbindungen in Glüh- und Mikrowellen-Entladungen, auf Arbeiten zum Plasmaätzen, zu Leuchtstofflampen-Plasmen u.a.

Als Leitfaden für die Auswahl möchte ich vielmehr die von Erhardt Hantzsche und Robert Rompe 1978 vorgenommenen Überlegungen heranziehen. Sie haben eine Reihe von Fragen diskutiert [46], die sie m.E. mit Recht als fundamentale Probleme der Plasmaphysik bezeichnen und deren Verfolgung im Sinne einer disziplinären Vertiefung anstrebenswert ist. Aus dem Spektrum solcher Probleme möchte ich hier drei kurz andiskutieren:

5.1. Das zeitliche Relaxations-Verhalten von Plasmen

Letztlich wurde die Frage grundlegend zum ersten Mal in dem bereits zitierten Artikel von Rompe und Steenbeck angesprochen, wonach trotz stationären Nichtgleichgewichtes in Teilsystemen des Plasmas die Einstellung von Gleichgewichtszuständen möglich ist.

Aber auch im nichtstationären Fall bei Einwirkung zeitveränderlicher elektrischer Felder werden sich partiell quasistationäre oder stationäre Nichtgleichgewichtszustände, ja selbst annähernd Gleichgewichte für verschiedene Zeitpunkte und Zeitintervalle einstellen können.

Die Ursache hierfür besteht letztlich darin, daß die Wechselwirkungsprozesse in den Subsystemen des Plasmas und zwischen ihnen Relaxationsprozesse mit um Größenordnungen unterschiedlichen Zeitkonstanten verursachen. Einige charakteristische Zeiten für das Auftreten merklicher Zustandsänderungen auf Grund ausgewählter Prozesse können aus der nachfolgenden Zusammenstellung im Sinne einer Grobklassifizierung entnommen werden (Abb. 11).

Impulsübertragung von Elektronen auf Neutralatome

$$\tau_i = 1/\nu_d \sim 10^{-9}\ \mathrm{s}$$

Energieübertragung durch anregende Elektron-Atom-Stöße

$$\tau_a = 1/\nu_a \sim 10^{-9} - 10^{-8}\ \mathrm{s}$$

Energieübertragung durch elastische Elektron-Atom-Stöße

$$\tau_{el} = \frac{1}{2(m/M)\nu_d} \sim 10^{-5} - 10^{-4}\ \mathrm{s}$$

Besetzungsdichte angeregter Zustände infolge endlicher Lebensdauer

$$\tau_{az} \sim 10^{-5} - 10^{-2}\ \mathrm{s}$$

Dichte geladener und neutraler Partikel bestimmt durch Diffusionsvorgänge

$$\tau_D \sim 10^{-4} - 10^{-2}\ \mathrm{s}$$

(alle charakteristischen Zeitkonstanten bei 1 Torr Neutralgasdruck)

Abb. 11 Einige charakteristische Zeiten für das Auftreten merklicher Zustandsänderungen im Plasma auf Grund ausgewählter Prozesse

τ sei nun eine Zeitkonstante, welche für die Änderung des elektrischen Feldes charakteristisch ist. Von dem Größenverhältnis von τ zu den anderen Zeitkonstanten hängt es dann ab, ob – wie bemerkt – partiell quasistationäre, stationäre oder sogar Gleichgewichtszustände resultieren, wann sie eintreten und wie lange sie andauern. Solche Aussagen sind nicht nur von grundsätzlichem Interesse, sondern auch aus der Sicht von Anwendungen bedeutsam wie der zunehmenden Nutzung von Hochfrequenz-Entladungen zum Ätzen und in der Beschichtungstechnik, einer möglichen Verwendung von Wechselstrom- oder Impuls-Plasmen für Lichterzeugung, der afterglow Technik zur Charakterisierung von Elementarprozessen u.a.m. Auch besteht ein weitgehendes Informationsbedürfnis an Kenntnissen über das zeitliche Relaxationsverhalten aus der Sicht der Gaslaserphysik, optischer Übergangsprozesse und plasmachemischer Vorgänge.

In den letzten Jahren konnten hinsichtlich eines Teilaspektes dieser Fragestellung größere Fortschritte auf der Grundlage der Boltzmann-Gleichung bzw. von Monte Carlo Simulationen erreicht werden, nämlich der zeitlichen Relaxation der Elektronenkomponente, in welche primär die Feldenergie in das Plasma eingespeist und dann durch Stöße weiter dissipiert wird. Gleichzeitig wurde dabei auch für Größe und Abhängigkeit der Relaxationszeit eine mikrophysikalische Interpretation im Rahmen solcher kinetischen Betrachtungen möglich [47].

Wesentliche Grundzüge der Relaxation lassen sich bereits anhand von Betrachtungen einer sprunghaften Änderung des elektrischen Feldes – d.h. für $\tau \to 0$ – in Edelgasplasmen aufdecken.

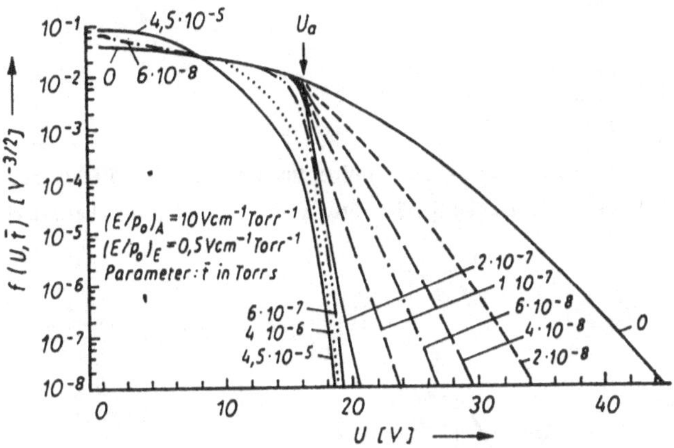

Abb. 12 Zeitliche Einstellung der Energieverteilungsfunktion der Elektronen im Ne Plasma für einen ausgewählten Übergang nach [47]

Abbildung 12 zeigt einmal den zeitlichen Einstellungsprozeß der Energieverteilungsfunktion im Ne Plasma für den Übergang $(E/p_0)_A = 10 \to (E/p_0)_E = 0{,}5$ V cm^{-1} Torr^{-1}. Insgesamt ergab sich bei Übergängen zwischen zwei stationären Zuständen ein weites Spektrum von Relaxationszeiten zwischen $10^{-4} - 10^{-8}$ s · Torr (Abb. 13). Ihre Größe erweist sich als praktisch unabhängig vom Anfangszustand, von welchem die Relaxation ausgeht. Entscheidend ist die Effektivität der Energiedissipation durch Stöße im anrelaxierten Endzustand. Relaxationszeit τ_r und totaler Energieverlust $\bar{U}_c$ durch Dissipation im stationären Endzustand ändern sich größenordnungsmäßig umgekehrt proportional zueinander bei anwachsender Feldstärke im stationären Endzustand (Abb. 14).

Komplizierter werden natürlich die Verhältnisse, wenn – entsprechend der Feldkonfiguration – endliche Werte der für die zeitliche Änderung des elektrischen Feldes charakteristischen Zeit τ vorliegen. Von besonderem Interesse ist hierbei der Fall eines Wechselfeldes, also $\tau = 2\pi/\omega$, wo ω die Kreisfrequenz des elektrischen Feldes. Neuerdings konnten Fortschritte in der Beschreibung des Relaxationsverhaltens der

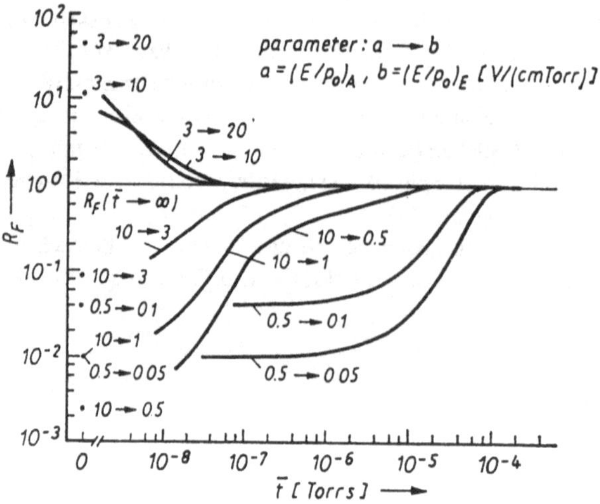

Abb. 13 Zeitlicher Verlauf von $R_F = \overline{U}_F/\overline{U}_c$ mit $\overline{U}_F$-Energieaufnahme der Elektronen, $\overline{U}_c$ — totaler Energieverlust durch Stöße. Der stationäre Zustand ist durch $R_F = 1$ charakterisiert

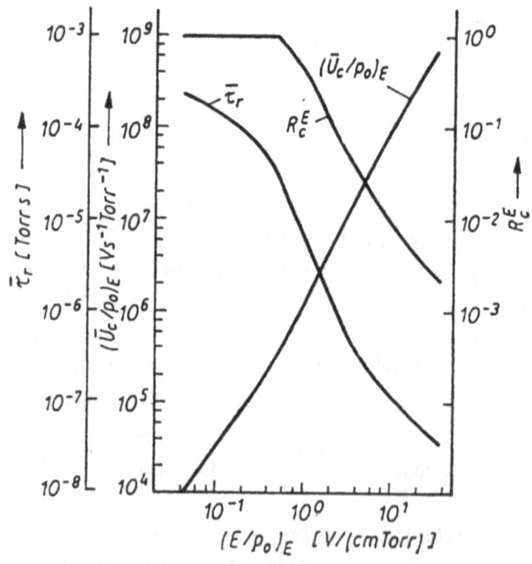

Abb. 14 Änderungen der Relaxationszeit τ_r und des totalen Energieverlusts $\overline{U}_c$ durch Dissipation bei anwachsender Feldstärke im stationären Endzustand

Elektronen unter solchen komplexeren Bedingungen erzielt werden, wie sie in diesen vom Gesichtspunkt der Anwendung besonders interessanten Plasmatyp vorliegen. Dabei wird insbesondere Modulation und Phase des Isotropteils der Verteilungsfunktion (und hieraus folgender makroskopischer Größen) durch das Verhältnis der Feldfrequenz zur summarischen Energie-Dissipationsfrequenz und dasjenige des Anisotropteils durch jenes zur summarischen Impuls-Dissipationsfrequenz bestimmt. Solche Betrachtungen mit Hilfe einer zeitaufgelösten Kinetik eröffnen ein Verständnis des rf Plasmas auf mikrophysikalischer Grundlage. Sie stellen das theoretische Pendant zu jetzt möglich werdenden experimentellen Untersuchungen dar, Parameter solcher Plasmen, wie z.B. ihre Elektronendichte u.a. zeitaufgelöst mit Hilfe der laserinduzierten Fluoreszenz-Spektroskopie zu verfolgen [48].

5.2. Der nichtideale Plasmazustand

Bekanntlich ist der Plasmazustand sowohl in Laborexperimenten und technischen Anordnungen als auch in den nicht-terrestrischen Bereichen (wie Ionosphäre, Sonnen-Korona, interstellares bzw. interplanetares Gas u.a.) mit sehr unterschiedlichen Parameter-Werten realisiert. So überstreicht z.B. die Elektronendichte einen Wertebereich von 1 bis 10^{25} Elektronen pro cm^3, die mittlere freie Weglänge einen solchen von 10^{12} bis 10^{-2} cm je nach Art des Plasmas (Abb. 15). Auch mittlere Energie, Magnetfeld u.dgl. können über viele Größenordnungen unterschiedliche Werte annehmen.

In den letzten 20 Jahren wurden insbesondere aus theoretischer aber auch aus experimenteller Sicht neue Erkenntnisse über Plasmen erzielt, welche man als *nichtideal* bezeichnet. Sie sind dadurch charakterisiert, daß der Wert der potentiellen Energie U_{pot} entsprechend der Wechselwirkung ihrer Konstituenten denjenigen der kinetischen

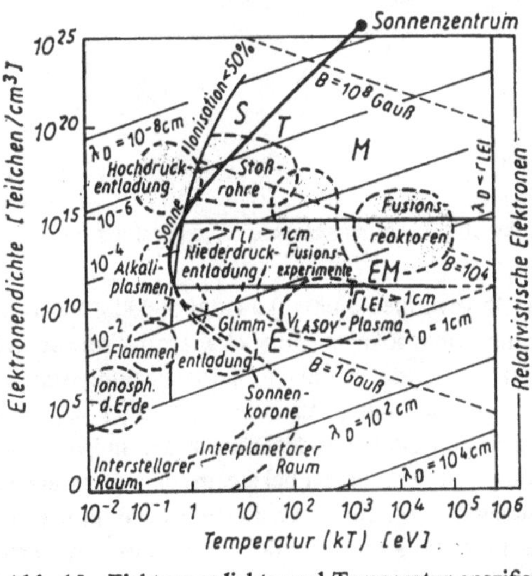

Abb. 15 Elektronendichte und Temperatur spezifischer Plasmen nach [61]

Energie U_{kin} der Plasmateilchen gleich wird bzw. ihn sogar übertrifft. Bekanntlich ist nun die Coulomb-Wechselwirkung von unendlicher Reichweite; man kann aber eine charakteristische Länge $l = e^2/4\pi\varepsilon_0 kT$ einführen, bei welcher das Coulombpotential kleiner als die thermische Energie wird. Mit $d = (3/4\pi n)^{1/3}$ als mittlerer Abstand 2er Teilchen läßt sich dann (für die verschiedenen Teilchenarten) je ein Nichtidealitätsparameter $\Gamma = l/d = (e^2/4\pi\varepsilon_0 d)/kT$ einführen, so daß Nichtidealität durch $\Gamma \geqq 1$ charakterisiert ist.

Einen Überblick über die mögliche Größenordnung der Elektronendichte n in einigen realen Systemen bei gegebener Temperatur T vermittelt Abb. 16. Dies läßt erwarten, daß der Zustand der Nichtidealität oder derjenige stark gekoppelter Systeme (wie man neuerdings häufiger sagt) in einem weiten Gebiet des Dichte-Temperatur-Diagramms verwirklicht ist und Plasmen, Metalle, Halbleiter, Elektrolyte, Ionenkristalle u.a. bei entsprechenden Parameterbedingungen überdecken kann.

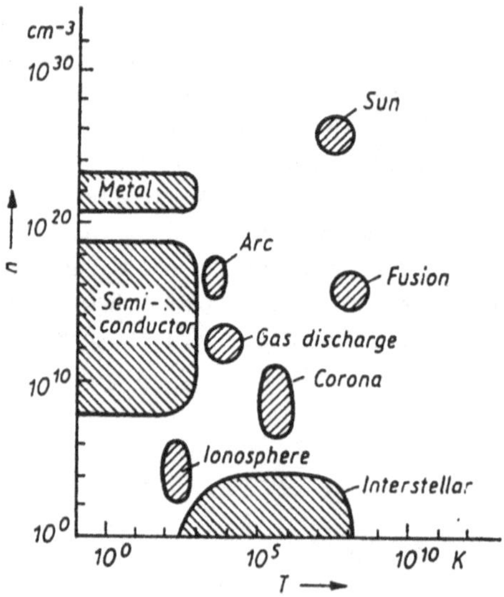

Abb. 16 Elektronendichte in einigen realen Systemen bei gegebener Temperatur nach [49]

Auch aus der Sicht von Anwendungen gewinnen dichte (starkgekoppelte) Plasmen zunehmend an Interesse für Projekte mit hoher lokaler Energiekonzentration: So bei speziellen Impulslichtquellen, in MHD-Generatoren, als Folgeerscheinung starker Stoßwellen, bei Laserfusions-Experimenten, um einige zu nennen. Abb. 17 zeigt anhand des Wasserstoff-Plasmas (e, p), daß sich die Nichtidealität auf den linken unteren Parameterbereich im $n - T$ Diagramm bezieht. Selbst bei einem solchen einfachen System liegt bereits ein relativ kompliziertes Verhalten vor, indem es z.B. einen Bereich $\Lambda_e^{-3} < n < \Lambda_p^{-3}$ gibt, wo sich auf Grund der unterschiedlichen Massen die Protonen noch klassisch verhalten, die Elektronen dagegen ein entartetes Quantengas dar-

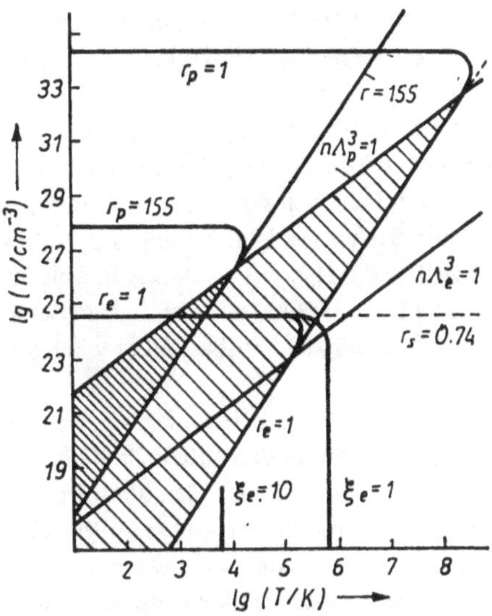

Abb. 17 Nichtidealitätsbereich für das Wasserstoff-Plasma. Wechselwirkungsparameter $\xi = l/\lambda^{DB}$, wo $\lambda^{DB} = \hbar/\sqrt{mkT}$ die thermische De Broglie Wellenlänge. $r_s = d_e/a_B$ Brueckner Parameter (a_B Bohr-Radius)

stellen. In diesem Gebiet darf man die Bildung von Iönengittern oder auch von Molekülgittern erwarten, was im Detail wieder von der Bindungsenergie der Atome und Moleküle abhängt. Im darunter liegenden Bereich überwiegt die Bindung gegenüber der Entartung. Bei hohen Dichten hingegen ist die Entartung so stark, daß es zu einer Kollektivierung der Elektronen kommt: Es ist die Bildung metallischen Wasserstoffes zu erwarten, aus einem Protonen-Gitter bestehend und eingebettet in einen gleichförmigen Elektronen-Untergrund.

Dieses einfache Beispiel zeigt wohl schon deutlich die Reichweite und Bedeutung des Nichtidealitätszustandes.

Der theoretische Schlüssel zum Verständnis nichtidealer Plasmen ist die sich entwickelnde Quantenstatistik von Systemen geladener Teilchen. Mit ihrer Hilfe erschließen sich schrittweise Gebiete, die weit über das ideale Plasma hinausgehend den geschilderten großen Einzugsbereich der Nichtidealität erfassen und gleichzeitig den Übergang zwischen den verschiedenen Teilbereichen (Phasenübergänge). Ausgangspunkt hierfür ist die bekannte v. Neumannsche Dichtematrix und die hiermit folgende Bogolyubov Hierarchie von N-Teilchen Dichte-Matrizen; sie stellt das quantenstatistische Analogon für die bereits erwähnte und so erfolgreich in der Theorie idealer Plasmen verwendete BBGKY-Hierarchie für die N-Teilchen Verteilungsfunktionen dar, in welche sie im klassischen Grenzfall übergeht. Diese reduzierten Dichte-Matrizen sind ein Spezialfall verallgemeinerter Größen, der sog. N-Teilchen Green Funktionen und diese Greensche Funktionen-Technik bewährt sich zunehmend für eine durchgängige Behandlung im gesamten Dichte-Temperatur-Diagramm.

International führende Beiträge konnten hierzu von Plasmaphysikern unseres Landes geleistet werden, wobei vor allem W. Ebeling (Berlin), W.-D. Kraeft (Greifswald), D. Kremp und G. Röpke (Rostock) zu nennen sind (vgl. [49, 50]).

Die Behandlung der Nichtidealität führt einerseits auf grundlegende Effekte.

a) Bereits die Bewegung eines einzelnen geladenen Teilchens wird durch die starke Wechselwirkung mit dem umgebenden Plasma merklich beeinflußt. Die Beschreibung im Rahmen des quantenstatistischen Vielteilchen-Systems erfolgt mittels der 1-Teilchen-Green-Funktion. Sie ergibt sich als Lösung der sog. Dyson-Gleichung, in welcher der Einfluß der anderen Teilchen durch einen Selbst-Energie-Term des betrachteten Teilchens berücksichtigt wird. Diese Selbstenergie ermöglicht insbesondere eine Bestimmung der Lebensdauer des Teilchens.

b) Ein attraktiver Anteil in der Wechselwirkungsenergie des Hamilton-Operators macht die Bildung von Bindungszuständen möglich. Eine fundamentale Zielrichtung in der Quantenstatistik von Systemen geladener Teilchen sind also Bemühungen um Aussagen, wann es zu Bindungszuständen kommt und damit um Angaben über das vorliegende Spektrum an gebundenen und freien Zuständen unter vorgegebenen Bedingungen. Solche Untersuchungen sind eng mit dem grundlegenden Problem einer quantenstatistischen Fundierung der Reaktionskinetik verbunden.

Die Berücksichtigung dieser und noch weiterer Effekte * im Hamilton-Operator der Schrödinger-Gleichung hat eine korrespondierende Auswirkung auf die möglichen Energie-Niveaus als Eigenwerte dieser Gleichung.

Damit ergibt sich z.B. mit anwachsender Dichte ein zunehmendes Verschwinden gebundener Zustände, eine neue Gesetzmäßigkeit für die Absenkung der Kontinuums-Grenze u. dgl.

Als ein Beispiel ist in Abb. 18 einmal für ein (isoliertes) 2 Teilchen-System das Ver-

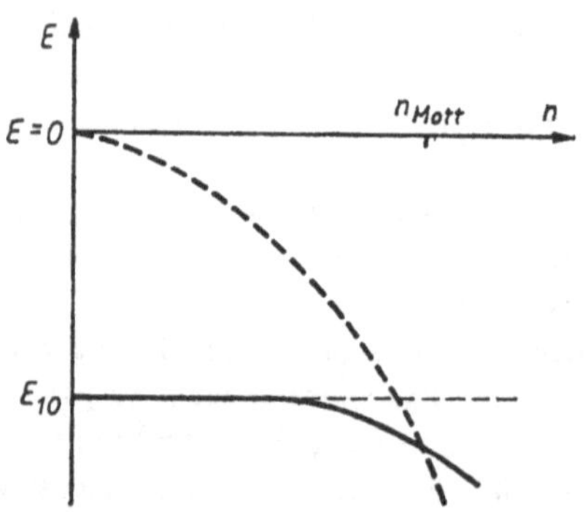

Abb. 18 Kontinuums-Grenze und Grundzustand eines 2-Teilchensystems Mit anwachsender Dichte nach [50]

* Dynamische Abschirmung an Stelle der statischen mittels des Debye-Potentials, ferner das sog. „Pauli blocking".

halten der Kontinuums-Grenze und des Grundzustandes mit anwachsender Dichte dargestellt. Man sieht, daß die erstere stärker als der Grundzustand abgesenkt wird; so geht bei der sogenannten Mott-Dichte der Grundzustand in das Kontinuum über-ein Aufbrechen des Atoms ist die Folge.

Diese und andere Effekte haben natürlich interessante und wichtige Auswirkungen in den makroskopischen Eigenschaften, auf die hier nur hingewiesen werden kann. Ausgehend von schon früh aufgeworfenen Fragestellungen, wie z. B. von Untersuchungen zur Erniedrigung der Ionisierungsenergie durch kollektive Wechselwirkung dringt hier die Plasmaphysik – gleichsam über sich selbst hinauswachsend – zur Beantwortung fundamentaler Fragestellungen vor.

5.3. *Effekte der nichtlinearen Dynamik von Systemen*

Schließlich möchte ich kurz ein wichtiges, sich stark in der Entwicklung befindliches Gebiet ansprechen, nämlich die nichtlineare Dynamik von Systemen [51].

Ein wichtiger Aspekt ist dabei bekanntermaßen die Ausbildung von Strukturen, speziell in Systemen, welche unter Energiedissipation fern vom thermodynamischen Gleichgewicht gehalten werden. Ausgangspunkt ist im allgemeinen ein unstrukturierter aber energiereicher Zustand. Dieser geht für eine begrenzte Zeit in einem energieärmeren strukturierten Zustand über. Solche dissipativen Strukturen bleiben stabil, solange der energiereichere Ausgangszustand in ausreichendem Maße vorhanden ist. Der Einzugsbereich solcher Erscheinungen erweist sich als sehr weit. Genannt seien hier unter anderem die Ausbildung von Solitonen, von hydrodynamischen Strömungsmustern oder von Kristallstrukturen, spezifische chemische Reaktionen bis hin zu selbstregulierenden oder selbstorganisierten Prozessen, wie sie in der Biologie eine bedeutsame Rolle spielen. In diesem Zusammenhang darf auf die Beiträge hingewiesen werden, welche von W. Ebeling zur Entwicklung dieser Untersuchungsrichtung geleistet wurden und werden [52]. Ein *zweiter* wichtiger Aspekt der nichtlinearen Dynamik besteht darin, daß sie zu einem nichtperiodischen Verhalten der Bewegung bei zeitlichem Schwanken mit begrenzter Amplitude führen kann. Charakteristisch ist insbesondere eine hohe Empfindlichkeit des Systems gegenüber Änderungen seiner Anfangsbedingungen: Anfänglich benachbarte Phasenpunkte laufen schnell auseinander und ursprünglich dicht beieinanderliegende Trajektorien verlaufen nach kurzer Zeit getrennt und verhalten sich unkorreliert.

Es entsteht somit ein chaotisches Verhalten. Dieses ist aber nicht mit Unordnung gleichzusetzen, sondern eher als eine Art Ordnung ohne Periodizität. Zurück geht das Erkennen solcher Erscheinungen auf den von E. N. Lorentz [53] 1963 gefundenen sog. „fremdartigen Attraktor", ein *deterministisches* System von nur 3 gekoppelten Differentialgleichungen 1. Ordnung, welches trotzdem *chaotisches* Verhalten zeigt.

Es scheint, daß hiermit Fragestellungen von grundlegender Art zur Reife gelangen, wofür so bekannte Mathematiker wie Poincaré, Birkhoff oder Kolmogorov bedeutende Vorleistungen erbrachten. Interessanterweise liegen dabei Ordnung und Chaos dicht beieinander, insofern ein nichtlineares System selbst bei gleichen äußeren Parametern sich sowohl periodisch als auch chaotisch verhalten kann, nämlich in Abhängigkeit von den gewählten Startbedingungen.

In den letzten Jahren erschließen sich nun auch zunehmend Probleme der Plasmaphysik einer Anwendung der Theorie der chaotischen Bewegung.

Einige Beispiele hierfür sind die Bewegung von Elektronen und Ionen im Feld einer oder mehrerer Plasmawellen, z.B. [54], wobei Bedingungen formuliert werden konnten, unter denen die Teilchenbewegung chaotisches Verhalten annimmt. Bei der Modellierung der Beschreibung durch Vereinfachung kinetischer oder von Bilanz-Gleichungen des Plasmas unter Rückführung auf Systeme gewöhnlicher Differentialgleichungen wurden ebenfalls chaotische Verhältnisse gefunden, z.B. [55].

Auch von R. Leven und Mitarbeitern werden seit einigen Jahren Beiträge zur chaotischen Bewegung anhand der Untersuchung verschiedener physikalischer Systeme [56, 57] erbracht.

Als Beispiel hierfür möchte ich in diesem Zusammenhang Untersuchungen zu einem Strahl-Plasma-System anführen, welche im Sinne der eben erwähnten Modellierung liegen. Dabei handelt es sich um eine Plasmaschicht, welche von 2 einander entgegenlaufenden Elektronenstrahlen durchkreuzt wird, wobei das Auftreten von chaotischen Bewegungen verdeutlicht und interpretiert werden kann.

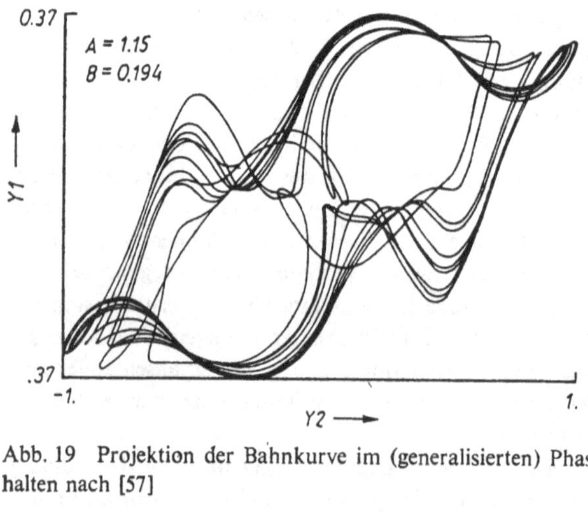

Abb. 19 Projektion der Bahnkurve im (generalisierten) Phasenraum bei chaotischem Verhalten nach [57]

Um wenigstens einen anschaulichen Eindruck hiervon zu geben, sei mit Abbildung 19 als ein Beispiel einmal die Projektion der Bahnkurve im (generalisierten) Phasenraum bei chaotischem Verhalten dargestellt, ohne natürlich auf Details eingehen zu können.

Es ist zu erwarten, daß in Zukunft auch die Plasmaphysik zunehmend Beiträge zur nichtlinearen Dynamik von Systemen erbringen und damit zum Verständnis dieser fundamentalen Fragestellung beitragen wird.

Anmerkungen

[1] A. v. Engel, M. Steenbeck, Elektrische Gasentladungen, Berlin 1932.
[2] R. Rompe, M. Steenbeck, Ergeb. d. exakt. Naturwiss. **18** (1939) 257.
[3] Greifswalder Universitätsreden, Neue Folge Nr. 46 (1984) (Ehrenpromotion Robert Rompe am 15. 10. 1982).
[4] E. Gehrcke, R. Seeliger, Verh. d. D. Phys. Ges. **14** (1912) 335, 1023.
[5] Ph. Lenard, Ann. Phys. (4) **8** (1902) 149.
[6] Vgl. zusammenfassend J. S. Townsend, Theory of Ionization of Gases by Collision. London 1910.
[7] O. v. Baeyer, Verh. d. D. Phys. Ges. **10** (1908) 96.
H. Dember, Ann. Phys. (4) **30** (1909) 137.
[8] F. Franck, G. Hertz, Verh. d. D. Phys. Ges. **15** (1913) 34, 373.
[9] Ph. Lenard, Ann. Phys. (4) **12** (1903) 714.
[10] J. Franck, G. Hertz, Verh. d. D. Phys. Ges. **15** (1913) 373, 613, 929; **16** (1914) 12.
[11] N. Bohr, Phil. Mag. **26** (1913) 1, 476, 857.
[12] F. Franck, G. Hertz, Verh. d. D. Phys. Ges. **16** (1914) 457.
[13] F. Franck, G. Hertz, Verh. d. D. Phys. Ges. **16** (1914) 512.
[14] W. de Groot, F. M. Penning, Handbuch der Physik XXIII (Hrg. H. Geiger, K. Scheel), Springer Berlin 1933, S. 23.
[15] R. Seeliger, Phys. Z. **16** (1915) 55, Z. Phys. **2** (1920) 405.
R. Seeliger, M. Wendt, Phys. Z. **25** (1924) 160.
[16] R. Seeliger, Ann. Phys. **59** (1919) 613.
R. Seeliger, G. Mierdel, Z. Phys. **1** (1920) 355.
R. Seeliger, E. Schramm, Z. Phys. **7** (1921) 93.
R. Seeliger, Phys. Z. **22** (1921) 610.
[17] L. Janicki, R. Seeliger, Ann. Phys. **44** (1914) 1151.
R. Seeliger, D. Thaer, Ann. Phys. **65** (1921) 423.
R. Seeliger, Z. Phys. **4** (1921) 424; **11** (1922) 197; Ann. Phys. **67** (1922) 352.
[18] R. Seeliger, E. Pommerrenig, Ann. Phys. **59** (1919) 589.
R. Seeliger, W. Lindow, Phys. Z. **26** (1925) 393.
[19] Vgl. R. Winkler, G. L. Braglia, A. Heß, J. Wilhelm, Beitr. Plasmaphys. **24** (1984) 657; **25** (1985) 351.
G. L. Braglia, J. Wilhelm, R. Winkler, Lett. Nuovo Cimento **44** (1985) 257, 365.
R. Winkler, G. L. Braglia, J. Wilhelm, XVII ICPIG Budapest 1985, Invited Papers p. 22; Nuovo Cimento D **7** (1986) 641, 681.
[20] R. Seeliger, Th. Handt, Ann. Phys. **3** (1929) 575.
[21] P. M. Morse, W. P. Allis, E. L. Lamar, Phys. Rev. **48** (1935) 412.
W. P. Allis, H. W. Allen, Phys. Rev. **52** (1937) 703.
H. W. Allen, Phys. Rev. **52** (1937) 707.
G. Hertz, Z. Phys. **32** (1925) 298.
M. J. Druyvesteyn, Physica **10** (1930) 69; **3** (1936) 65.
B. I. Davidov, Phys. Z. SU **8** (1935) 59, Sh. exp. theor. fis. **7** (1937) 1069.
E. Landau, Phys. Z. SU **10** (1936) 154.
M. N. Rosenbluth, W. M. Mac Donald, D. L. Judd. Phys. Rev. **107** (1957) 1.
T. R. Holstein, Phys. Rev. **70** (1946) 367.
H. Margenau, Phys. Rev. **69** (1946) 508; **73** (1948) 297.

H. Margenau, L. M. Hartmann, Phys. Rev. **73** (1948) 309.
L. M. Hartmann, Phys. Rev. **73** (1948) 316.
S. C. Brown, Hdb. Phys. (S. Flügge) Bd. XXII, 2. Springer 1956, S. 531 ff.

[22] R. Seeliger, Phys. Z. **15** (1914) 777.
R. Seeliger, J. Ôkubo, Phys. Z. **25** (1924) 337.
R. Seeliger, R. Hirchert, Ann. Phys. **11** (1931) 817.
A. Lompe, R. Seeliger, Ann. Phys. **15** (1932) 300.
R. Seeliger, Phys. Z. **33** (1932) 273, 313.
R. Seeliger, A. Kruschke, Phys. Z. **34** (1933) 883.
R. Seeliger, Ann. Phys. **6** (1949) 93; Naturwiss. **39** (1952) 78.

[23] R. Seeliger, Ann. Phys. (4) **67** (1922) 352; Jahrb. d. Radioakt. u. Elektron. **19** (1922) 222; Z. Phys. **39** (1926) 601, **41** (1927) 535, **115** (1940) 111; Naturwiss. **16** (1928) 665.
R. Seeliger, Z. Phys. **41** (1927) 535, Z. Phys. **122** (1944) 209; Phys. Z. **45** (1944) 141.

[24] E. Mauz, R. Seeliger, Phys. Z. **26** (1925) 47.
H. Alterthum, M. Reger, R. Seeliger, Z. techn. Phys. **9** (1928) 161; Techn. Wiss. Abh. OSRAM-Konzern **2** (1931) 43.
R. Seeliger, K. Bock, Z. Phys. **110** (1938) 717.

[25] R. Seeliger, G. Sommer, Jahrb. Radioakt. u. Elektronik **20** (1923) 353.
R. Seeliger, Z. techn. Phys. **15** (1934) 329.

[26] R. Seeliger, G. Mierdel, Z. Phys. **19** (1923) 230.
R. Seeliger, J. Schmekel, Phys. Z. **26** (1925) 471.
A. v. Engel, R. Seeliger, M. Steenbeck, Z. Phys. **85** (1933) 144.
H. Wulfhekel, R. Seeliger, Phys. Z. **34** (1933) 57.
R. Seeliger, K. Sommermeyer, Z. Phys. **98** (1936) 733.

[27] R. Seeliger, Phys. Z. **25** (1924) 56; Z. Phys. **15** (1923) 27, **30** (1929) 329 und in einem Teil der bereits zitierten Arbeiten Seeligers und Mitarbeiter.

[28] F. Ollendorf, R. Seeliger, Phys. Z. **33** (1932) 577.
W. Funk, R. Seeliger, Z. Phys. **110** (1938) 271.

[29] R. Seeliger, K. Sommermeyer, Z. Phys. **93** (1935) 692.
R. Seeliger, Z. Phys. **119** (1942) 482.

[30] H. Alterthum, A. Lompe, R. Seeliger, Z. Techn. Phys. **17** (1936) 407; Phys.Z. **37** (1936) 833.
W. Bartholomeyczyk, W. Funk, R. Seeliger, Z. Phys. **117** (1941) 651.
R. Seeliger, Naturwissensch. **30** (1942) 461.
W. Lumpe, R. Seeliger, Z. Phys. **121** (1943) 546.
R. Gambarana, R. Seeliger, Phys. Z. **45** (1944) 146.

[31] R. Seeliger, J. Schmekel, Ann. Phys. **73** (1924) 249.
R. Seeliger, M. Reger, Ann. Phys. **83** (1927) 535.
M. Reger, R. Seeliger, Ann. Phys. **86** (1928) 1089.
R. Seeliger, W. Bartholomeyczyk, Ann. Phys. **1** (1947) 241.

[32] R. Seeliger, A. Wichmann, Ann. Phys. **9** (1951) 235.
R. Seeliger, Wiss. Z. E. M. Arndt Univ. Greifswald **1** (1951/1952) 1.
R. Seeliger, Z. Naturf. **8a** (1953) 74.

[33] R. Rompe, Ann. Phys. **18** (1956) 225.

[34] R. Seeliger, Einführung in die Physik der Gasentladungen, J. A. Barth Leipzig 1927 und 1934.

[35] R. Seeliger, G. Mierdel, Z. Phys. **5** (1921) 182.

[36] R. Seeliger, Siemens-Zeitschrift **3** (1923) 509.
Elektrot. Z. **47** (1926) 1153; Z. Phys. **116** (1940).
P. Rossbach, R. Seeliger, Z. Phys. **116** (1940) 68.
[37] R. Seeliger, J. Schmekel, Phys. Z. **27** (1926) 730.
R. Seeliger, Elektrot. **49** (1928) 853.
H. Schmick, R. Seeliger, Phys. Z. **29** (1928) 168.
R. Seeliger, K. Bock, Phys. Z. **34** (1933) 767.
O. Becken, R. Seeliger, Ann. Phys. **24** (1935) 609.
[38] R. Seeliger, Phys. Z. **27** (1926) 22.
R. Seeliger, H. Schmick, Phys. Z. **28** (1927) 605.
H. Schmick, R. Seeliger, Phys. Z. **29** (1928) 864.
R. Seeliger, H. Wulfhekel, Phys. Z. **31** (1930) 691; Ann. Phys. **6** (1930) 87.
R. Seeliger, Phys. Z. **42** (1941) 63.
[39] A. Lompe, R. Seeliger, E. Wolter, Ann. Phys. **36** (1939) 9.
[40] R. Seeliger, Z. techn. Phys. **7** (1926) 49.
G. Mierdel, R. Seeliger, Naturwiss. **19** (1931) 753; Arch. Elektrot. **29** (1935) 149; Trans. Faraday Soc. **32** (1936) 1284.
[41] J. v. Issendorf, M. Schenkel, R. Seeliger, Wiss. Veröffl. Siemens-Konz. **9** (1930) 73.
[42] R. Seeliger, Die Elektroschweißung **10** (1934) 1.
H. Pflug, R. Seeliger, Wiss. Veröffl. Siemens-Konz. **20** (1941) 171.
[43] R. Seeliger, H. Wulfhekel, Das Licht **5** (1935) 129.
[44] R. Seeliger, Z. techn. Phys. **11** (1930) 438.
[45] Wissensspeicher Plasmatechnik (Hrsg. A. Rutscher, H. Deutsch), VEB Fachbuchverlag Leipzig 1983.
[46] E. Hantzsche, R. Rompe, ZIE-Preprint 78-5.
[47] J. Wilhelm, R. Winkler, Journ. de Physique, C7, **40** (1979) 251; Beitr. Plasmaphys. **20** (1980) 225.
R. Winkler, J. Wilhelm, Comp. Physics Commun. **20** (1980) 113; Beitr. Plasmaphys. **21** (1981) 163.
G. L. Braglia, J. Wilhelm, R. Winkler, Ann. Phys. (7) **39** (1982) 338.
M. Capitelli, C. Gorse, J. Wilhelm, R. Winkler, Lett. Nuovo Cimento **32** (1981) 225; Nuovo Cimento **70B** (1982) 163; Chem. Phys. Lett. **79** (1983) 1; Ann. Phys. **41** (1984) 119.
R. Winkler, J. Wilhelm, A. Heß, Ann. Phys. **42** (1985) 537.
R. Winkler, J. Wilhelm, 6th Symposium on Elementary Processes and Chemical Reactions in Low Temperature Plasma, Jelšava-Hrádok 1986, Invited Paper.
R. Winkler, M. Capitelli, M. Dilonardo, C. Gorse, J. Wilhelm, Plasma Chem. Plasma Process. **6** (1986) 437.
[48] R. A. Gottscho, R. H. Burton, D. L. Flamm, U. M. Donelly, G. P. Davis, J. Appl. Phys. **55** (1984) 2707.
[49] Ergebnisse der Plasmaphysik und der Gaselektronik Bd. 5 (Hrsg. R. Rompe und M. Steenbeck), Akademie-Verlag Berlin 1976.
W. Ebeling, W.-D. Kraft, D. Kremp, Theory of Bound States and Ionization Equilibrium in Plasmas and Solids.
W. Ebeling, Yu. L. Klimontovich, W.-D. Kraeft, G. Röpke, Kinetic Equations and Linear Response Theory for Dense Coulomb Fluids, p. 54.
Yu. L. Klimontovich, D. Kremp, M. Schlanges, Bound States in the Quantum Kinetic Theory of Gases and Plasmas, p. 111.

D. Kremp, G. Röpke, M. Schlanges, The Electrical Conductivity for the Partially Ionized Hydrogen Plasma, p. 156.

[50] W.-D. Kraeft, D. Kremp, W. Ebeling, G. Röpke, Quantum Statistics of Charged Particle Systems, Akademie-Verlag Berlin 1986.

[51] Vgl. für eine einführende Betrachtung: 14. Ferienkurs Nichtlineare Dynamik in kondensierter Materie, Kernforschungsanlage Jülich, Institut für Festkörperphysik, 28. 2.–11. 3. 1983.

[52] W. Ebeling, Strukturbildung bei irreversiblen Prozessen; Mathematisch-naturwissenschaftliche Bibliothek Bd. 60, G. Teubner, Leipzig 1976.

[53] E. N. Lorentz, J. Atmos. Sci. **20** (1963) 130.

[54] A. Fukuyama, H. Momota, R. Itatani, Phys. Rev. Lett. **38** (1977) 701.
G. R. Smith, A. N. Kaufmann, Phys. Fluids **21** (1978) 2230.
H. Varvoglis, Astron. Astrophys. **132** (1984) 321.

[55] S. Ya. Vishkind, M. I. Rabinovich, Zurn. Eksp. Teor. Fiz. **71** (1976) 557.
J. M. Wersinger, J. M. Fum, E. Ott, Phys. Fluids **23** (1980) 1142.
M. N. Bussac, Physica Scripta, Vol. T2/1 (1982) 110.

[56] R. W. Leven, B. P. Koch, Phys. Lett. **86A** (1981) 71.
B. P. Koch, R. W. Leven, B. Pompe, C. Wilke, Phys. Lett. **96A** (1983) 219.
B. Pompe, C. Wilke, B. P. Koch, R. W. Leven, Exp. Tech. Phys. **32** (1984) 545.
R. W. Leven, B. Pompe, C. Wilke, B. P. Koch, Physica **16D**.

[57] R. W. Leven, R. Puttke, Beitr. Plasmaphys. **25** (1985) 415.

[58] H. A. Bauer, Grundlagen der Atomphysik, Springer Wien 1951.

[59] Joint European Torus information document, EUR 8306 EN (EUR JET-R11) Nov. 1982 (2/84).

[60] Owens-Illinois-Firmenschrift: "Digivue, a better way to look at it".

[61] F. Cap, Einführung in die Plasmaphysik I, WTB Bd. 72, Akademie-Verlag Berlin, Pergamon Press Oxford, Viehweg und Sohn.

ISBN 3–05–500 382–9
ISSN 0138–3965

FSC
www.fsc.org
MIX
Papier | Fördert gute Waldnutzung
FSC® C083411

Zeitfracht Medien GmbH
Ferdinand-Jühlke-Straße 7
99095 Erfurt, Deutschland
produktsicherheit@kolibri360.de